实力设计师
经典家装分享

《实力设计师经典家装分享》编委会 编

U0352017

潮流前沿 精选案例 细节精选 精益求精

客厅设计

化学工业出版社

·北京·

编委会主任

许海峰　张　淼

参加编写人员

郭　胜	何义玲	何志荣	廖四清	刘　琳	刘秋实
刘　燕	吕冬英	吕荣娇	吕　源	史樊兵	史樊英
郇春园	姚娇平	张海龙	张金平	张　明	张莹莹
王凤波	高　巍	葛晓迎	郭菁菁		

图书在版编目(CIP)数据

实力设计师经典家装分享. 客厅设计 / 《实力设计师经典家装分享》编委会编. —北京：化学工业出版社，2014.3
ISBN 978-7-122-19546-3

Ⅰ.①实… Ⅱ.①实… Ⅲ.①住宅－室内装饰设计－图集②住宅－客厅－室内装饰设计－图集 Ⅳ.①TU241-64

中国版本图书馆CIP数据核字(2014)第011231号

责任编辑：王　斌　林　俐　　　　　装帧设计：锐扬图书

出版发行：化学工业出版社(北京市东城区青年湖南街13号　邮政编码100011)
印　　装：北京画中画印刷有限公司
889mm×1194mm　　1/16　　印张 7　　2014年 3 月北京第 1 版第 1 次印刷

购书咨询：010-64518888 (传真：010-64519686)　　售后服务：010-64518899
网　　址：http://www.cip.com.cn
凡购买本书，如有缺损质量问题，本社销售中心负责调换。

定　　价：39.80元

实力设计师经典家装分享

客 厅

KETING

古色古香的桌子横在中间，不仅填充了视觉空间，更给整个客厅增添了传统韵味浓郁的古典气息。配合洁白大气的墙壁，客厅不仅有效地塑造出了家庭的温馨感，更是中西合璧。

中世纪复古黑色长形吊灯，配合矮脚黄皮桌，空间搭配适宜，不起冲突，暗黄色的沙发与墙壁增添了几丝昏黄的感觉。客厅本就是休闲之地，这样的装饰将温馨气息塑造出来。

垂直落地窗将室外的光线大方地请了进来，整个客厅给人通透、宽敞、明亮的感觉，因而茶几选取的也是亮面色，搭配白色的沙发和吊灯，以及泛着光的墙壁，空间色调温馨。

凹陷进去的天花板以及低平的象牙白色桌子，延伸了空间的立体感。单一米白色的沙发，点缀着暗花条纹的靠枕。空间不显单调却又别有风趣。

简约中彰显格调，这也是现代人普遍追求的一种风格。以白色打底，不同的渐变色使得空间层次有秩。客厅的简约布置能让人有轻松愉悦的感觉，而棕色条纹的沙发则起到了点缀的作用。

● 西式宫廷水晶灯的繁复与中心圆形透亮的厅桌相得益彰。富丽堂皇并不一定需要华丽的软装饰，暗黄色的沙发在细节处对照着宫廷的风格，但整体却给人恰到好处的感觉。

素雅温馨的风格最能让人有家的感觉。田园气息浓郁的电视墙与客厅白底红碎花的沙发相得益彰，而黄色墙壁上的相框不仅通过颜色塑造出了层次感，更是对客厅的合理配搭。

极简主义的客厅，只用单色调的浅色沙发和纯黑色的茶几就已经表达得足够透彻，而房顶复式的宫廷吊灯锦上添花，并给房间带来一种淡淡的光泽。

复古的风格需要极好材质的沙发和桌椅来配合。暗红色的方形沙发与高脚椅子填充了客厅的角落，而同样暗红的窗帘更似乎拉开帷幕般地将这股端庄大气展露出来。

西方极简主义的线条美，细微之处则能发现是由各种不同的宫廷风格填充的，优雅大气，而每一处都能发现材料的质感之上乘，将房间的档次提升了上去。

线条感就是出现在
各个细节之处却不显得繁
重。暗色的背景墙与暗花
纹的窗帘搭配，不着痕迹
地流露出了贵族气质，深
色的沙发能够使疲惫的主
人在这里暂时歇息。

客厅的明亮和温馨，不仅得益于建筑本身的高度，还是沙发座椅的搭配来衬托的。简练的线条和棱角分明的造型，轻松地营造出了舒适明亮的空间氛围。

视觉感强烈，因时就势，虚实结合，张弛有度，自然大方地将桌椅、灯饰呈现了出来。墙体上的吊顶与泛着黄色柔和灯光的灯饰过渡得恰到好处，人文气息浓厚。

块状深色拼接背景墙对应着横条拼接电视墙，增加了横平竖直的空间感，华贵大气。而中间浅灰色的沙发则承接了两种相对深色系的搭配，起到了平稳过渡的作用。

百搭色的浅灰色沙
发好似画龙点睛,使得光
白色的墙壁以及背景墙
毫无违和感。黑色相框
在墙上,为浅色系的空间
增添了几分层次感,恰到
好处。

沙发、桌椅与高度明亮的落地窗融为一体，空间显得更为宽敞，自然光线透过落地玻璃，落在米白色的地面上，使得客厅显得格外亮堂，也因此，天花板则相对简练。

欧式新古典的风格，只需要几幅制作精美的画框线条来修饰就已足够，这样和整体风格形式相匹配。当然，单色系的沙发也使得整个空间显得更为高雅端庄。

新鲜生动的柠檬黄和抹茶绿作为相对应的背景墙，给整个空间营造出了一抹明亮清新的感觉，乳白色的沙发则是平稳过渡。适宜朝气蓬勃的80后一族，年轻活力感强烈。

单一色沙发的摆放以及上面条纹状的展示相得益彰。而墙壁上的画框相邻，给客厅风格带来了凝聚力。暗花条纹地板搭配着黑色茶几，使我们感受到了一种亲切感。

• 虽然整体上看，客厅
的装饰为单一暗色调，但
是天花板上的灯饰以及沙
发的搭配给客厅营造出了
复合型的感觉，沉稳大气
而又端庄的色调配合柔和
的灯光，即便是客人也能
有宾至如归的感觉。

玲珑剔透的宫廷水晶灯，给西式古典主义的装黄增添了几分柔和韵味。及简的沙发以其独特的线条之美，使得整个空间多了几分宽敞的感觉。雕花无处不在，美感十足。

在极致简约与现代气息融合中，颇费得几许心思。粉色琉璃灯罩修饰台灯，而深蓝、暗灰或者大红的抱枕，更是给纯白的沙发带来了片片生机。绿植的装束更加适合简单大方的客厅。

彷佛漫不经心，实则处处留意。沙发的暗纹以及地毯略带夸张的灰色大花，配合得恰到好处，因此墙上的黑边相框好似给这抹纯净增添了几分生机。

西式宫廷味道的客厅，却不在装饰细节上盲从繁琐，只一方白色简单式样的方桌，淡雅而清新。雕饰的电视背景墙采用凸起式，错落有致地搭配了黑色骑士吊灯，雅致有韵味。

垂直的落地窗子暗藏紫色灯管，透过薄纱的窗帘给客厅蒙上了一丝神秘的气息。天花板向里凹进，而桌椅则着意选用低矮的形状，如此一来，空间感和立体感更加彰显。

金碧辉煌的电视墙将整个客厅的光线打亮，巴洛克风格的沙发将整个客厅的空间填铺。采用的是平易近人的高贵白色，吊灯为下降式，使得空间立体而又不抽离。

最为经典的灰色和白色组合，大气沉稳而又不用担心存在时过境迁的问题。球状的吊灯给空间增加了几分活泼的感觉，单一白色的沙发，倒使得房间有种老电影默片的意味。

墙壁暗藏的黄色灯光将房间色调晕染得柔和清丽。出其不意的黑色电视墙以及暗褐色花纹的沙发，增添了房间沉稳的气息。只要再加上大小不一的图景相框，就已足够表达。

很多人都在追求西方极简艺术，而中间象牙白色的矮脚桌，用简单的弧度勾勒，并掏空了中间部分，则形成了画龙点睛的效果。泛着光的地板倒映着房间的装潢，空间感增强。

• 原木地板拼接，垂直落地窗，已经足够将窗外的碧海蓝天投射进来。简单的圆形琉璃吊灯更是笼罩出了珠光宝气之感，红木家具与之相得益彰，不失东方古典韵味。

别出心裁的圆形抱枕，西方韵味的画框规则地挂在墙上，经典黑色复古吊灯，处处彰显着主人独特的品位以及对西方宫廷艺术的追求。茶几上的蜡烛更是细处见精神。●

一面是错落有致，精雕细琢的背景墙，用简约大方的相框衬起，并用镂空红木装饰；一面是暗色调的电视墙，中间的沙发巧妙地承载了复古花纹，并起到了过渡的作用。

恢弘大气，又不失端庄雅致。皮质沙发棱角分明，背景墙上的相框也是排列有序，集经典传统与现代艺术于一身。中间乳白色吊灯装饰则作为点缀再好不过。

传承东方气质，又接纳西方宫廷艺术。巴洛克式的沙发桌椅别致精巧，而背景墙则是采用暗红的颜色凸显其贵气。尽管客厅色调偏暗，落地窗却承担了将光线传递的功能。

● 色彩搭配彰显装饰风
格。简约大气的背景墙，
照着色彩斑斓的电视墙，
色彩协调，贵气十足的地
毯则为客厅的颜色做底，
柔和的灯光挥洒下来，
氛融洽。

西方简约韵味隐藏在洁白的沙发、茶几以及电视柜的组合里。漫不经心地放置几个黑色画框，提升了色调。整个客厅简洁大方，只需几棵绿植，房间便生机盎然。

小清新式的装潢已经越来越多地走进年轻夫妻的家了。暖色调的黄色墙壁给整个房间奠定了温暖的基础，红白方格的沙发坐席，又使得房间增加了不少趣味性。

小空间的温馨姿态不需要浮夸靓丽的装饰，几幅简单的画框挂置墙上，浅绿的壁纸对应电视墙错综复杂的图案，别有一番野生林园的活泼趣味。

较为狭窄的客厅巧妙地运用色彩丰富的沙发垫烘托出了颜色的基调，而纯色的沙发对应单一色调的电视墙简约时尚。电视墙上开辟出来的格子放置软装饰，对照背景墙上的黑色画框，别有生机。

圆形的吊顶带来了强烈的视觉冲击感，紫色条纹格子的电视墙衬托出大理石花纹色调的背景墙，层次感丰富。地板则过渡性地选择了浅紫色，运用色彩的搭配彰显了品位。

大方而不失庄重，典雅又兼具活力，灰色与白色的经典搭配将房间的气氛烘托出来。黑色的电视几以及中心桌子是房间的深色调组成部分，巧妙过渡又衔接得当。

灰白色是空间的主体，灰色的沙发，西方艺术处理的壁画，加上另一个灰白色的沙发，但是空间并不显得平淡，主要是一些亮丽的色彩穿插其中为整个空间加分。

奢华高贵的软装饰，将整体风格渲染的典雅而端庄，电视背景墙原木色的简洁，沙发宫廷格调的纹路，或是白色系的淡雅，在简约而不失设计感中，将客厅的品味淋漓尽致的挥洒出来。

客厅的装饰最怕堆砌，但又不能使得空间乏味，所以在全部为白色的沙发周围，零星地点缀一些色彩斑斓的软装饰，整个客厅便显得精致、柔畅、舒缓有致。

原木色的墙壁、
桌,沙发则是采用白色简
色,整体风格为现代简
风但又掺杂了一点点混
的元素,整体居室感觉
常的清新,悦人耳目。

　　黑白条纹的沙发垫和抱枕在白色的简约空间内彰显自然活泼之力，夸张的吊灯垂下来增添了几分宫廷的意味。单线条的黑白配色高脚椅，又带来西方的风味。

象牙白色砖砌状电视墙提亮了空间，而黑色的地毯实现了巧妙的分区，使整体更加宽敞且有条理性。光影之下的明暗线条相互交织，加上绿植的点缀，让人心生感悟。

黑白分明的沙发都采用的方正块状，在简约的空间里更显质感。两个吧台式的高脚椅将客厅分割成一个半开放式的自由空间，在宁静大方的空间里展现出了现代人宁静的心。

咖啡色与白色相间的电视墙将空间的基调定为温馨，暗红花纹的窗帘更是遵照这一设计原则，暗灰色的沙发质感优良，而摆放的几棵绿植更是平添了几分悠远的禅意。

将自己的客厅设计成像宫殿一般极具魅力，沙发的线条以及吊灯的造型都融合了西式复古元素，墙壁上的画框简约大气。置身其中，宛如中世纪大型建筑。

宫廷元素强烈的吊灯点亮了整个空间,贵气十足的紫色和象征中国皇家色彩的黄色增添了空间的亮度,极简主义的沙发和桌椅不仅体现了独特的品味,还不失端庄。

想要打造温馨浪漫的环境，不妨在电视墙以及沙发上增加一些花朵元素，既有田园风的轻动可爱，又时尚简约。家中暖暖的主色调搭配够潮流的软装饰，多姿多彩。

摒弃繁复的背景墙，用多幅大小规则不一的相框自己组合造型也别有趣味。而轻松的红色沙发填充客厅的主要空间，俏皮灵动，还有几分暖暖的感觉，雅致精巧。

黑色电视墙的理智与冷峻，配合较为柔和的沙发，清爽又整齐，墙面则是营造出了一种温暖的感觉。暖色系与黑色的合理贯穿，时尚、简约、大气。

银灰色的沙发彰显精英气质,而黄色的墙壁则是温暖色调,两相搭配,不仅毫无违和感,更是错落有致,增加了客厅的空间感和立体感。

暖灯光的照射，拉长了客厅的立体感。沙发和背景墙融为一体的由浅黄色渐变为较深的颜色，充满了浪漫的气息与温馨的甜蜜感，长形的沙发更是延伸了空间。

客厅以白色和黑色为主，沙发采用渐变的灰色过渡，颜色协调，而地毯则采用纯正的黑色，使得房间的摆设更加富有质感，巧妙地对应了流苏吊灯的暖色调。

现代艺术的合理配搭，略高出沙发的座椅与居中位置的台灯，照应拉长的吊灯，增加了空间的立体感与层次感。白色的墙壁更加适合对应暗灰色的沙发，不失质感。

● 中西融合的大气装饰，象牙白的沙发提亮了空间，而黄色回转雕饰的窗棂，以小见大，从点滴细节中，散发着西方艺术的气息，又体现了中国古典东方之韵。

色彩虽然是简单的
黑色和白色,但是看得出,
每个细节都不是简单的选
择。灰调调的空间由沙发、
地毯以及方桌构成,用白
色来衬托,形成了现代简
约风格,简洁、清爽。

　　轻松、浪漫、温馨的
格调充满着整个客厅。原
木色的方桌线条勾勒细
致，白色的沙发将其包围
住，靠垫采用的也是浪漫
温馨的白色和粉色，暖融
融的色调配合天花板的复
式吊灯，繁复有秩。

暗红色的方格电视背景墙，对应以白色为主的墙壁，用暗灰色的沙发过渡，不需要过分张扬奢华，只是一个简约大气，可以随时停留的轻松的家。

摒弃厚重的华丽美式风格，使客厅充满了小清新的味道，从整体黄白色为主的色调就可以感受的到。这种现代的风格，不张扬，不做作，就这样便足够表达。

在低调中不着痕迹地
体现着奢华质感，白色与
黑色的经典搭配，合理穿
插，与其华丽而浮夸，不如
随性而为，一点一滴地体
现了主人不俗的格调。

• 营造简约中的质感居
家,透过各种材质的相互
搭配呈现,让家居延伸出
独特的美学设计。在这间
挑高的客厅,利用深色与
白色的强烈对比,划分出
区域的独特性,完善的空
间规划。

现代简约主义的窗棂与沙发和方桌线条弧度的勾勒，融合在一起有相得益彰的感觉，配合活力灵巧的壁画，不仅色彩丝毫不冲突，还能带给主人独特的舒适感。

极简主义的装饰，没有过多的颜色堆砌，白色的墙壁，白色的沙发，甚至连壁画都是白色的。如此一来，灰黄的地毯以及方桌就显得尤其具有点缀作用，利用房间的高度，将窗外的蓝天放进屋内。

高大的落地窗，没有任何遮挡物，室外的光线一览无余，而沙发和方桌则略微带点高度，空间层次感便分明突出。天花板的流苏灯饰活泼灵动，更有几分趣味性。

● 较小的客厅相对来说更容易展现家居的温馨之感，几个羽绒沙发垫随意的放置，配合矮脚方桌，便于使用，空间感强，拉近与电视墙的距离，更增强了凝聚力。

空间较大，采用简约的白色更加扩充了视觉。棱角分明的沙发彰显了简约现代的家居格调，而碎花抱枕又融合进来了浪漫的田园风。似乎随性而为，实则处处精致。

灰色的大气沉稳，
点缀在白色的地板上，增
添了几分冷峻高贵的贵族
气质，流苏倒挂的灯饰锦
上添花，简约时尚感扑面
而来。●

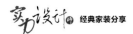

温馨浪漫, 甜蜜清新, 乳白色沙发巧妙地搭配了蛋糕形状的大桌, 活泼俏皮。生动有趣的电视墙更是趣味盎然, 与墙壁上简单灵巧的壁挂相得益彰, 整个气息暖融融而有韵味。

简约的白色与经典的黑色碰撞, 搭配出一个灵动活跃, 特立独行的神秘空间。黑色的电视墙倒映出白色家具的大气, 将经典的搭配进行全新演绎。

简约、时尚、格调，这是整个客厅带给人的独特的视觉享受。雕饰镂空的背景墙与别出心裁的绿色电视墙相映生辉，两把中式的高脚椅子也是新颖别致，仿佛置身于童话中的园林。

• 较窄的房间最忌讳的
便是采光不好。这个客厅
巧妙地用回转格子装饰
分割了空间，不但没有浪
费宝贵的光线，又使得每
个区域都有独特的美感。
斑马线路的沙发抱枕，随
心所欲的绿植，都点缀得
恰到好处。

光与影的绝妙搭配使得最为简约的米白色和黑色也出现了清新脱俗的效果。几个大红的抱枕慵懒地横在沙发上，倒也别致新鲜，而异域风情的画框更增加了几分韵味。

电视墙上的黑色方块软装与墙壁上的黑色画框隔空对应，足见装饰的别具匠心。白色的沙发平稳的起到了过渡作用，而地板的暗红花纹洋溢着浓浓的现代气息。

简单而不简陋，不事雕琢，只用横在其中的软装便丰富了墙面的色彩，电视墙也是单一色调，但因此也更烘托出中心的沙发与方桌之颜色，不做作，却有生动的趣味。

酒红色的基调时尚动感，电视墙的红与吊灯的黑色相得益彰，而沙发的摆放经过精心地设计之后，变得功能丰富，极富空间层次感。简约风格也可以别出心裁。

• 米色、咖啡色和棕色
的协调搭配让家看起来
充满了温暖，在简约的基
调中加入了一些欧式的元
素。软包背景墙，欧式风格
的壁纸为家居增加了小小
的奢华感。

高大的落地窗使空间显得更加透亮宽敞，简单的装饰反而有了别样的清新感觉。墙壁上用几幅暗青色的画框装饰替代了壁毯，与抱枕的颜色相照应，极致简约。

在钢筋水泥的都市里营造出了一方属于自己的宁静空间。绿色的墙壁，米黄的电视墙，装修风格随意，然而却散发着休闲气息的田园风。绿色在各个空间大片运用，生机勃勃。

暗蓝色的沙发散发出一丝丝海洋的清澈气息，红色抱枕点缀尤其别致，而电视周围的常青绿植给空间增加了生机的气息，空间凝聚力强。

用极富神秘色彩的灰色做出的设计给人无限的想象空间。极简主义家具的摆放与灰色基调的配搭实现了一种前所未有的浪漫化、民俗化、自由化,带给人灵感与想象。

通透的客厅加上灰白的搭配,带给人一种强烈的视觉冲击和神秘氛围。混搭是它的主题之一,有质感的材质给人无限的信任,元素不少但是整体统一性很好。

客厅并没有任何一处是湛蓝色，但却给人一种轻松活泼的海洋气息，光与影的良好合作加上沙发的浅蓝碎花，随性而为，并不是很大的空间紧凑而富有凝聚力。

大气、热情、白色的画框、橱
糊与清晰的光线互相交织，配合
流苏吊灯，简约有秩。而沙发的色
彩相对丰富，营造出了一种轻松浪
漫，又大气端庄的情调。

以宫廷风格为主题，用窗帘
的深色系做辅助，空间感强烈，生
活气息和时尚的元素很好地结合
在了一起，相辅相成。

中世纪的复古个性也可以不拘泥于繁琐复杂。碎花装饰棱角分明的沙发，而墙壁上的大幅画框给空间增添了几分亮丽清晰的色彩，加上随处摆放的绿植，大气而不失生机。

完美主义者可以将西方极简主义风格与线条色彩的美搭配得当，创造出一种新的组合，让每一部分都散发出自己的本色。条纹、暗花搭配得当，不失灵动色彩。

宽敞的空间用转角巧妙地增加其装修的效果，虽然是单色系的装饰，却是去除了繁琐的线条，删去了不必要的装饰。不刻意照搬传统，而细节之处的红木点缀却传承了传统的特点。

新意十足，时尚潮流感强烈。从天花板到背景墙都是灰色光亮，唯一的装饰大概就是其中的暗花纹，尽管色调单一，但是光与影的合理搭配却使得整体效果毫无违和感。

简约的风格虽能一眼将全部风景尽收眼底，但却并不容易实现。雕花的墙壁壁纸挂一幅大型画框，座椅沙发也是宫廷风格勾勒，电视墙则相对单色系。混搭风格也别有格调。

恢弘大气、宽敞明亮的感觉映入眼帘。暗花纹的壁纸贯穿整个客厅乃至餐厅，不经意间流露出中世纪的复古意味。大气简约的抱枕不经意地放置在沙发上，轻松动感。

• 整个客厅以黑白色和黄色为主色调，整体感觉干净而优雅，最符合对清爽利落的要求。轻松的颜色增添了温馨的感觉，风格独特的吊灯新鲜时尚。

地中海式的风格，大方地将湛蓝色用在了电视墙和背景墙上，同时连沙发上的抱枕也是蓝色，米白色的沙发不仅起到了平稳过渡的作用，还烘托了色彩基调。置身其中，宛如感受到海风阵阵。

红木地板、原木竹片拼接式的电视墙带来了一股清新的园林气息。具有分割功能的镂空隔断增加了空间感。窗外的蓝天与屋内色调相映生辉，别有趣味。

闪耀的黑色系列新古典风格，每一个细节都力求细致典雅。空间大小适宜，配合中型的沙发，对空间的利用得当。暗花黑色纹底系列更使得整个房间充满了高贵的气质。

• 通透明亮的客厅，给人的感觉自然是清新流畅。浅色调的地板和壁纸，天花板是镜子式的，倒映出整个客厅，也使得空间感和立体感增强。

● 西式的吊灯增加了浓
郁的复古气息，而电视墙
和落地窗的装饰都是红木
家具，并摆放了颇具中国
风意味的花瓶或者圆盘。
典型的中西结合，但却也
相得益彰。

吊顶不事雕琢,由一
个吊灯增添了其空间感,
而清新的米白色壁纸和沙
发让客厅显得宽敞整洁。
暖色调营造出家居的温
馨、浪漫之感,适合深居简
出的人群。

地中海式的厅堂优雅端庄，整个色系为浅色温馨系列，偶尔在细节之处用台灯、桌子装饰，不做作。渐变色的沙发也不会给人单调的感觉。

黑白方块的电视墙简单却是经典之风，亮色沙发墙可以倒映出空间，扩充了视觉，米白色的沙发起到过渡作用，暗红花纹的抱枕给简约色调的客厅做点缀，更加生动活泼。

经典细节，每一处都明显是经过精心设计的。朱古力色的沙发墙将房间的色调调和得偏暗些，增加了几许温馨的感觉，同样灰黄色的地毯与之相辅相成，颜色协调。

• 时尚简约,大气十足,
酒红色与白色的搭配,砖
装的线条处理避免繁复,
也摒弃了花哨的图案和布
置,让整体视觉感不单调。
整体感觉纯净而素雅,线
条的勾勒生机勃勃。

舒适性、功能性与艺术性的统一。简洁的书架选用的是白色，端庄大气，灰色的沙发与暗黄纹路的电视墙对应，充满了家居温馨浪漫的气息，紫色的点缀则恰到好处。

如果说文艺是一种生活态度，那么日日生活的家居也可以恰到好处地增添几许文艺的味道。台灯、方桌、沙发，每一处都经过精心地挑选，塑造了一方恬淡的私人空间。

大如沙发，小到电视柜上的摆设，每一处都是精挑细选。整体色调为米黄色与白色的搭配，简约大气，复古韵味的吊灯更增添了几分中世纪的风味。

● 落地窗良好地过渡了室内与室外绿树林荫。室内的装饰不事雕琢，却也别有韵味，而绿植的摆放增加了无限生机，对视觉有极强的震撼力。

乍一看可能显得空荡荡的，但是仔细观察去能发现这是一种中西结合的极简风格之美。沙发的高度与空间的协调让客厅显得整洁又大方，古典家具、建筑元素的引用，优雅清新。

格调雅致，一入玄关
就给你一种贵族式的生活
演绎，品位在奢华中彰显，
低调在雍容里沉睡。极简
主义淡化了金碧辉煌之厚
重，是低调奢华新现代主
义的绝佳代表。

现代人普遍渴望舒适、现代，对灰与白的时尚追求是永恒的主题。整个空间都以灰白极简风格为主线，强烈的对比和脱俗的气质，营造出十分引人注目的室内空间风格。

暗灰条纹相间的背景墙为基调，营造出十分时尚的效果。整个空间在极简的灰白主题色彩下，加入极其精致的搭配，融合各种时尚前卫的时尚元素，空间品质倍增。

闪亮耀眼的水晶盒金属闪片、辉煌的背景,在色彩的集合中,彰显了法式宫廷的奢华气质,沙发则摒弃了复杂的褶皱,水波型的帘头复古设计起到了锦上添花的效果。

无论时空如何交替，生活状态如何转变，家居环境始终以人为中心。设计与布局上的合理以及风格上的表现都给人一种宽敞舒适感。

色彩上的搭配选用暗红色花纹的电视墙、灰褐色的地毯以及浅色的沙发墙，线条融合，光线明亮，营造出了大方、气派的居室空间，使得房屋也充满活力。

时尚、甜蜜、大气的装饰,展现了现代人一种全新的、注重生活品质的价值观。沙发和电视墙都采用了极简线条勾勒的形式,端庄优雅,又富有经典意味

浪漫轻松的感觉填满了整个客厅,淡紫色的沙发以及天花板,给整个房间笼罩了一层温馨和谐的气氛,绿植的放置也恰到好处。整体感觉如童话故事里的公主园林。

金碧辉煌的全新演绎，抛弃了以往的阶层标志以及舞台化的贵族优越感，表达出了现代时尚主义，以及人性化，人人触手可及的新摩登时代。

• 梦幻、宫廷,在新
设计中融入典雅精神,
经典的设计表现为新的
配形式,使得经典与现
默契地演绎出一种新的
述方式,让居住者成为
有故事的人。

转角，隔断式，暗黄色，塑造出了整体的空间感和层次感，充满了诗情画意，不但有现代时尚的闪亮，还有着优美惬意的复古中式味道。沙发和灯布精致好看，绿植则增添了小清新意味。

简约张扬而实用，温馨素雅
还舒适，这就是客厅带给人的感
觉。方形的沙发、画框以及灯饰
却不给人堆砌的感觉，反而饶有
趣味。

心情随着一件件物品，流
走在不同的想象空间，不同的角
落、光影、材质和纹理之间，带
给人穿越时空的异想世界，即
便颜色简单些，却带来了别样的
感受。

● 横条状的背景墙，动感十足的沙发以及抱枕，大胆、潮流、前卫。令人神往的潮流也可以轻松地在自家居室中塑造出来，用艺术的笔触塑造出时尚的韵味。

尽情挥洒释放出了内心天马行空的浪漫，客厅常常是思想的延伸，装点的细节中有着主人的思维和内心的渴望。恢弘大气，宫廷韵味十足。

天花板的方形吊灯呈现出放射状的光束，提亮了客厅，增加了空间感和立体感。暗黑色的沙发则是对整体浅色系的有机协调，画框对照落地窗的镂空栏杆，散发着古典艺术气息。

时尚简约，大气的色调贯穿整个客厅，吊灯如水滴般绽放，目光所及的每个角落都是有质感的方桌或者沙发，更显得恢弘大气。

光照恰好，浅色系也是难以名状的舒适，这仅仅源自于对生活最为简单的梦想，清爽而不过分张扬，如同生活的宁静但不枯燥，层次感突出，这也是主人品位的体现。

既融合了美式家居的朴实内敛，又不放弃简约风格的时尚与精致，家装的风格尽量简约优美。黄色的壁纸使得空间更为通透、合理。整体风貌不喧闹，不张扬。

宽敞通透的格局，装
饰成仿照Loft的格局，实
用与时尚兼具。舒适的粉
红色沙发，整体温馨素雅
的光线，让人能够安心在
家里享受休闲的每一分
钟，又美又舒服。

米黄与象牙白的黄金组合，视觉上心旷神怡，让人感觉养眼万分。流苏的吊灯装饰，为客厅增添了几分妩媚的感觉，整体立体感极强。

空间上给人温馨舒适的感
觉，整个设计是在简单的点线面处
理中，加上气质的提升，空间的感
觉简约而不失高雅，长期居住也不
会乏味，空间因此具备了一定的生
命力。

简约、低调奢华的风潮受到
装饰界的追捧，有别于珠光宝气
那种尽显财富的高调，这种装修
不落俗套，是一种对品质的追求，
更适合现代的流行趋势。

功能性和需求性兼具，同时还扩大了空间，让家居看上去更加大气。从整体上讲，沉稳优雅的宫廷气质把握得非常完美，既有神秘的美式感觉，又表达了一种古典的雅致之美。

真实的装修必然柡
成一种主题，优雅大气只
是客厅展示给人的整体感
觉。并不是色彩绚丽，但也
同样可以做到别致，有种
灰色的艺术搭配，并且能
够不欠一分优雅。

没有延续传统宫廷风格的繁复华丽，而是简约端庄，不着痕迹地将贵族气质一点点释放出来。宫廷式的吊灯以及画框，为这种异国情调增添了一抹温馨浪漫的色彩。

黄灯一盏，热茶几杯，家人其乐融融地坐在一起，这是客厅应该带给人的幸福场景。碎花座椅，宫廷风格的线条勾勒出来的电视桌，加上质地优良的窗帘，良好材质的质感带给人舒适的感觉。

浪漫的田园风与风情的美式味道相结合，采用大面积的白色增添其优雅高贵的气质，整洁之中不失独特韵味，高端之中又让人十分放松，打造出了一个香浓醇厚的美式之家。